Packaging
design
integration

包装设计
一体化

主　编　周功扬

副主编　吕杰英
　　　　程　翔
　　　　吴楚文

浙江工商大学出版社 ·杭州
ZHEJIANG GONGSHANG UNIVERSITY PRESS

图书在版编目(CIP)数据

包装设计一体化 / 周功扬主编. — 杭州：浙江工商大学出版社，2021.7(2023.7 重印)

ISBN 978-7-5178-4613-0

Ⅰ. ①包… Ⅱ. ①周… Ⅲ. ①包装设计－一体化

Ⅳ. ①TB482

中国版本图书馆 CIP 数据核字(2021)第 151067 号

包装设计一体化
BAOZHUANG SHEJI YITIHUA
主编 周功扬

策划编辑	郑 建
责任编辑	黄拉拉
封面设计	浙信文化
责任印制	包建辉
出版发行	浙江工商大学出版社
	(杭州市教工路 198 号 邮政编码 310012)
	(E-mail:zjgsupress@163.com)
	(网址:http://www.zjgsupress.com)
	电话:0571－88904980,88831806(传真)
排 版	杭州朝曦图文设计有限公司
印 刷	杭州罗氏印刷有限公司
开 本	710mm×1000mm 1/32
印 张	2.25
字 数	43 千
版 印 次	2021 年 7 月第 1 版 2023 年 7 月第 2 次印刷
书 号	ISBN 978-7-5178-4613-0
定 价	45.00 元

内容提要

　　包装设计是平面设计专业一体化课程中重要的一门课程，包装需将结构、材料、色彩、图形、排版样式及其他元素和产品信息联系在一起，使产品更加适用生产和销售。该课程需要学生具备一定的设计基础，高级工阶段结合多门科目所学才能进行的设计课程。

　　本书是以工作项目为向导，用企业项目设计任务，将任务目标、任务分析、任务实施及相关知识点和参考案例融入任务过程中，理论与实际相结合。本书案例选取，力求体现商业化、典型性且符合当前流行的设计风格，注重案例教学的效果。最后在完成任务后，对任务进行分析与评价。以任务分析评价表作为评判自身掌握相关理论知识和实战技巧对依据。

　　本书包括四个学习任务：常态纸盒包装设计、特殊形态纸盒包装设计、包装视觉设计、系列产品礼盒包装设计；共六项学习活动：管式纸盒包装设计、盘式纸盒包装设计、特殊形态纸盒包装设计、保护型包装结构设计、巧克力系列包装视觉设计、月饼礼盒包装设计；有两个企业品牌案例作为设计项目。通过学习任务、学习活动和实际项目，学习包装设计概论、包装设计程序、包装设计材料、包装容器、包装设计中展示面要求、包装设训的视觉传达要素、色彩在包装设计中的应用、包装趋势等理论知识。

C目　录
Contents

项目一　常态纸盒包装设计

学习目标

1.能理解常态纸盒包装设计项目的任务要求；

2.能与客户进行有效沟通，并了解客户需求；

3.能熟练开展市场调研，以及独立完成相关信息收集；

4.能根据产品特点展开包装结构设计；

5.能熟练应用图形图像软件完成常态纸盒包装设计；

6.能对常态纸盒包装设计作品进行有条理的展示汇报；

7.能建立自己的素材库，拟定包装的设计风格；

8.能注意工作规范，如：文件尺寸、分辨率、色彩模式、文件命名以及储存规范等。

建议学时

24 学时。

工作情境描述

在某设计工作室，设计师接到为"小熊夹心饼干"设计包装的项目任务。设计师接到任务后，对相关的产品进行调研后了解到，多数饼干包装采用常态纸盒包装。设计师将负责设计常态纸盒结构,运用图形绘制软件完成包装结构和视觉设计的电子稿绘制,提交设计稿给客户,与客户进行有效沟通,并根据客户的意见进行修改。将修改后的设计最终稿打印制作出成品,完成设计任务。

🏺 学习情景

学生接收老师布置的学习任务,学习常态纸盒理论知识,结合饼干包装,完成常态纸盒的临摹与制作。通过老师的理论讲解和任务实施,学生逐步独自完成市场调研、纸盒结构的临摹与制作、软件绘制电子稿。最后进行作品展示与整理。

任务一:管式纸盒包装设计

🏺 学习目标

1.能合理制定计划,按时完成任务;

2.能针对管式纸盒包装产品进行收集并加以分析;

3.能了解管式纸盒的主要结构;

4.能独立完成管式纸盒结构的临摹与制作;

5.能应用图形软件绘制管式纸盒结构图;

6.能对收集的包装设计资料整理归纳。

🏺 建议学时

12 学时。

学习准备

包装结构类专业书籍、设计相关书籍和网站、课前收集的资料、铅笔、橡皮、卡纸、美工刀、水性笔、胶水、钢尺等。

学习思考

观察以下结构，说一说以下属于哪一类纸盒结构，你是如何判断的？并说一说纸张的种类、规格、特性以及用途。如图 1-1 所示。

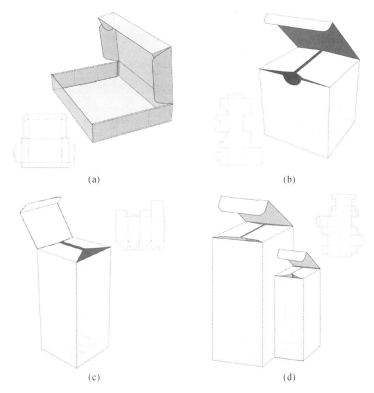

(a)

(b)

(c)

(d)

图 1-1　纸盒结构展示

【相关知识】

一、包装的概念

包装是商品信息传播的载体，是商品与消费者直接见面的展示方式。在包装设计中，图形对于视觉信息的传达和主题表达具有十分重要的作用。它将包装设计中的各个元素，通过虚实对比、主次有别，进行合理巧妙的布局和谐统一起来，使产品的包装既兼顾了造型的合理，又具有灵动性，给消费者留下深刻的印象。随着社会物质财富的不断增加，人类对精神文化和人文素养的需求在不断增加。消费者对产品的需求不再局限于其基础功能，而是更多需要其包装上的视觉美与信息交流。

二、包装的历史

包装对于人类来说是个古老的话题。从远古的原始社会到如今的现代社会，包装随着人类经济与社会的不断发展也在不断地进步。最开始，人们用葛藤捆扎猎获物，用植物的叶、贝壳、兽皮等包裹物品，这是原始包装发展的胚胎。后来随着劳动技能的提高，人们使用植物纤维来制作最原始的筐、篮等，运用火煅烧泥土制成泥壶泥碗等原始包装。

原始包装发展到传统包装的时间约为公元前 5000 年，此时人类开始进入青铜器时代。冶炼青铜、铸铁炼钢的技术的出现，使得大量的铁质容器也出现了。古埃及在公元前 3000 年就已经开始制玻璃容器。因此，陶瓷、钢铁、玻璃等材料加工而成的包装历史源远流长，已经有数千年的历史，其技术随着人类社会的不断进步也在不断改进，一直发展到今天。

中国古代的四大发明为包装行业也做出了重大的贡献。 汉代时，公元前 105 年蔡伦改进的造纸术以及 11 世纪中叶毕昇发明的活字印刷术，都是活版印刷、包装印刷以及包装装潢发展的基础。 直至 16 世纪欧洲陶瓷工业开始发展，美国也成立了玻璃工厂，开始生产各种玻璃容器。 至此，以陶瓷、金属、玻璃等为主要材料的包装工业开始发展，传统包装开始向现代包装过渡。

16 世纪以来手工业的迅速发展以及 19 世纪欧洲的产业革命，极大地推动了包装产业的发展，也为现代包装工业的发展奠定了基础。

使食品包装得到迅速发展的则是 18 世纪末出现的灭菌包装储存食品方法，因此在 19 世纪初出现了玻璃食品罐头。

进入 20 世纪，随着科技的不断发展，以及新材料和新技术的不断出现，聚乙烯、复合材料、塑料等材料被广泛应用，包装的技术在不断被改进，其功能也在不断被强化。

三、包装的分类

1.按包装在流通过程中的作用，可将其分为单件包装、中包装和外包装等，如图 1-2 所示。

(a)单件包装　　　　　(b)中包装　　　　　(c)外包装

图 1-2　包装规格展示图

2.按包装材质，可将其分为纸制品包装、塑料制品包装、金属包装、竹木器包装、玻璃容器包装以及复合材料保装等，如图1-3所示。

(a)   (b)

图1-3　不同包装材质包装展示图

3.·按包装使用次数，可将其分为一次用包装、多次用包装以及周转包装等，如图1-4所示。

图1-4　周转包装展示图

4.按品种类，可将其分为食品包装、药品包装、电子产品包装以及危险品包装等，如图1-5所示。

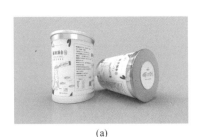

(a)   (b)

图1-5　食品及药品包装展示图

5.按功能，可将其分为运输包装、贮藏包装以及销售包装等，如图1-6所示。

图1-6　运输包装展示图

6.按包装技术方法，可将其分为防震包装、防湿包装、防锈包装以及防霉包装等，如图1-7所示。

图1-7　防霉包装展示图

四、包装的功能

1.包装的功能可分为以下几个方面：

（1）保护与承载。 保护与承载功能是包装的基本功能，即保护商品不因生产、运输等过程受到外力破坏，安全完整地到达消费者手里。 设计师在考虑包装美观的同时，也要考虑到包装的结构与材料，确保产品在流通过程中完好无损。

（2）销售功能。 包装也是商品的组成部分之一，是商品传达品牌特色与产品特点的重要载体。 包装可以通过造型与视觉感受传达来给人不同的美感，体现浓郁的文化特色，具有活力以及独特的韵味，从而提升商品的自身价值，带动消费，以达到促进消费的目的。

（3）储运功能。 由于产品功能的不同，其造型也都大不一致，因此运输过程中就出现诸多不便。 包装恰好能解决这些问题，它可以统一商品的大小规格，方便储运以及流通过程中的搬运和数目清点。

五、纸类包装材料

纸材料包括纸袋纸、牛皮纸、工业纸板、单面白纸板、厚纸板、中性纸板、箱纸板、瓦楞纸板等，如图 1-8 所示。

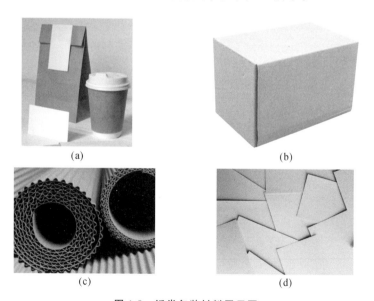

(a)

(b)

(c)

(d)

图 1-8　纸类包装材料展示图

六、包装平面图示符号

在纸盒类设计的过程中，设计师要先对整体的包装效果有一定的构思，这时需通过产品平面展开结构图来展示立体包装的整体结构，用平面的方式进行展示并且交付制作。因此，绘制产品平面展开图是纸盒包装设计中的重要部分。在设计平面展开图时，需遵守规范的制图符号，如表 1-1 所示。

表 1-1　纸盒设计制图符号

名称	绘图线型	功能	横切刀型	应用范围
单实线	——	轮廓线 裁切线	横切刀 横切刀尖 齿刀	(1)纸箱(盒)立体轮廓可视线； (2)纸箱(盒)坯切断
双实线	══	开槽线	开槽刀	区域开槽切断
波纹线	∿∿∿	软边 裁切线 剖面线 瓦楞纸板	波纹刀	(1)盒盖插入襟片边缘波纹切断； (2)盒盖装饰波纹切断； (3)瓦楞纸板纵切剖面
单虚线	- - - -	内折 压痕线	压痕刀	(1)大区域内折压痕； (2)小区域内对折压痕； (3)作业压痕线
点画线	-·-·-·	外折 压痕线	压痕刀	(1)大区域外折压痕； (2)小区域内外折压痕
三点点 画线	-·····-	内折 切痕线	模切压痕 组合刀	(1)大区域内对折间歇切断压痕； (2)预成型类纸箱(盒)作业折压 痕线
两点点 画线	-··-··-	外折 切痕线	模切压痕 组合刀	大区域内外折间歇切断压痕

续　表

名称	绘图线型	功能	横切刀型	应用范围
双虚线	====	对折压痕线	压痕刀	大区域内折压痕
点虚线	··········	打孔线	针齿刀	方便开启结构
波浪线	﹀﹀﹀﹀	撕裂打孔线	拉链刀	方便开启结构

七、管式纸盒包装

管式纸盒包装的特点是盒盖所在的面是盒体多面中面积最小的一个。从定义上说，管式纸盒包装则是：在包装纸盒成型时，盒盖和盒底部都要摇翼折叠组装固定或封口的纸盒包装。

八、管式纸盒包装的主要结构

1. 粘合封口型：这种粘合的方式使得包装密封性好，能够适应自动化机器大生产，但是不能重复开合。主要用于谷物类、粉粒类商品，一旦拆开无法闭合，如图1-9所示。

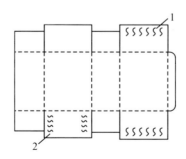

图1-9　粘合封口型展示图

2.插入型：这种结构使整体非常牢固，便于多次重复开启使用，同时也方便消费者取出查看，如图 1-10 所示。

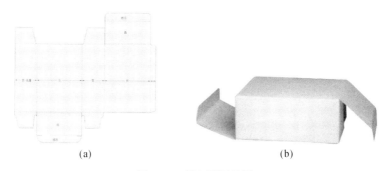

(a)

(b)

图 1-10　插入型展示图

3.一次性防伪型：这种结构的特点是利用了齿状的裁切线，在打开包装的同时，直接破坏整体的包装结构。 比如纸巾盒就是采用此类包装，如图 1-11 所示。

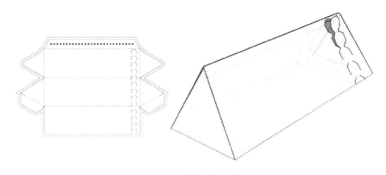

图 1-11　一次性防伪型展示图

4.插锁型：这种结构是插接与锁合相结合的一种方式，使包装结构坚固，不易散开，如图 1-12 所示。

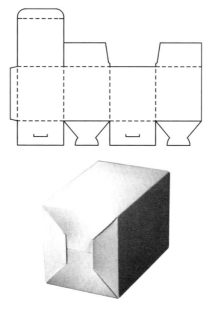

图 1-12　插锁型展示图

5.锁扣型：这种结构是通过正面背面 2 个摇盖相互插接锁合，使封口更加牢固，但是弊端在于组装与开启时比较麻烦，如图 1-13 所示。

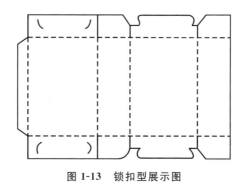

图 1-13　锁扣型展示图

6.插入摇盖型：这种结构的盒盖有多个摇盖部分，主盖上有插舌，用于插入盒体而起到整体封闭的作用。 这种结构在管式包装盒中的应用最为广泛，如图 1-14 所示。

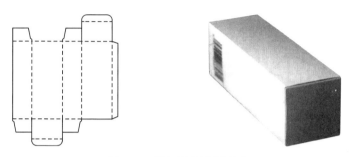

图 1-14　插入摇盖型展示图

7.正揿封口型：这种结构是利用纸张的耐性和柔韧性而采用弧形折线结构。 包装便于组装、开合，而且对于原料来说最为节省。 此种结构适用小商品的包装，如图 1-15 所示。

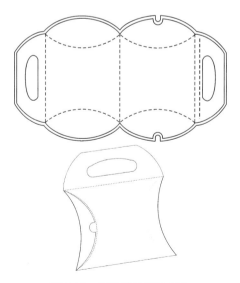

图 1-15　正揿封口型展示图

8.连续摇翼型：这种结构的包装造型优美，具有一定的装饰性，但是组装和开启都较为麻烦，适用于礼盒的包装，如图1-16所示。

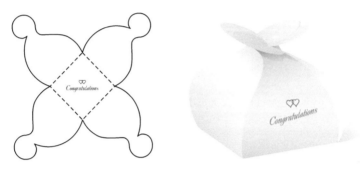

图1-16　连续摇翼型展示图

学习思考

观察下列包装结构图，判断其属于哪种包装结构？如图1-17所示。

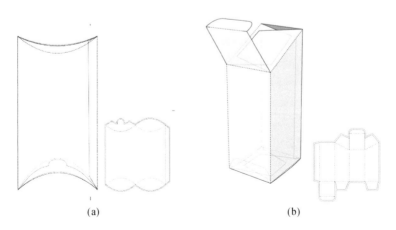

(a)　　　　　　　(b)

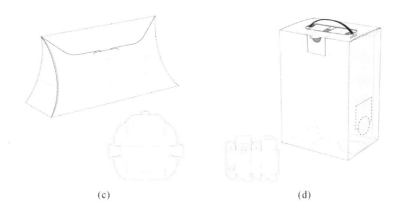

(c)   (d)

图 1-17　管式纸盒包装结构展示

 学习任务

1.请临摹上述 18 种管式纸盒包装的主要结构，用卡纸制作成型。

2.请用软件绘制 3 张管式纸盒结构图的电子稿，正确绘制包装图示符号。

拓展任务

请为饼干类产品做包装设计：

主题：小熊夹心饼干。

要求：1.完成相关产品的市场调研；

   2.用软件绘制管式包装结构图；

   3.用软件在管式结构图上完成该项目的基础视觉排版。

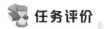 **任务评价**

评价如表 1-2 所示:

表 1-2 评价表

项目名称:_____

序号	评价项目	自评得分	签名	互评得分	签名
1	理解项目任务,完成项目相关信息调研及案例收集				
2	用纸材料制作管式结构纸盒,结构正确,手工工整				
3	用软件绘制管式结构图,制图标准规范				
4	课后完成拓展任务,结构正确,视觉效果佳				
	平均分				
	学习活动得分				

任务二:盘式纸盒包装设计

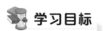 **学习目标**

1.能合理制定计划,按时完成任务;

2.能针对盘式纸盒包装产品进行收集并加以分析;

3.能了解盘式纸盒的主要结构;

4.能独立完成盘式纸盒结构的临摹与制作；

5.能应用图形软件绘制盘式纸盒结构图；

6.能对收集的包装设计资料整理归纳。

建议学时

12学时。

学习准备

包装结构类书籍、相关设计书籍、专业网站、网络资料、铅笔、橡皮、速写笔、卡纸、钢尺、美工刀、双面胶等。

学习思考

观察以下包装,说一说你所知道的结构形式,你是如何判断的? 如图1-18所示。

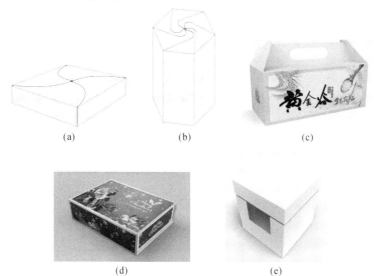

(a)　　　　　　　(b)　　　　　　　(c)

(d)　　　　　　　(e)

图1-18　包装展示图

【相关知识】

盘式纸盒即由纸板通过四边折叠、插接或粘合而成型的纸盒，此类包装的结构在盒底大多相同。

盘式纸盒的特点为高度小，展开后面积较大。这种纸盒经常用于包装服装、鞋帽、食品、礼品、工艺品等产品。

一、盘式纸盒的主要结构

1.盘式别插组装：比较方便，不需要粘接和锁合，如图 1-19 所示。

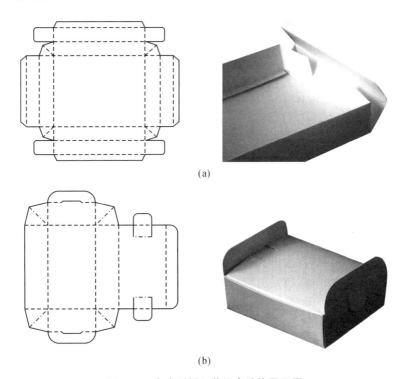

(a)

(b)

图 1-19 盘式别插组装纸盒结构展示图

2.盘式锁合组装：使用锁合使结构更加牢固，如图 1-20 所示。

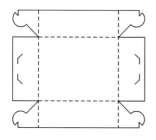

图 1-20　盘式锁合组装纸盒结构展示图

3.盘式预粘组装：采用部分预粘的方式，使组装更加简便，如图 1-21 所示。

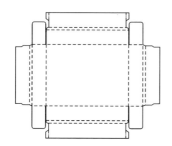
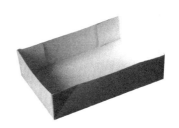

图 1-21　盘式预粘组装纸盒结构展示图

4.摇盖式：此种结构是在盘式包装盒的基础上，延长其中一条边设计成摇盖，其结构特征和管式包装摇盖式相仿，如图 1-22 所示。

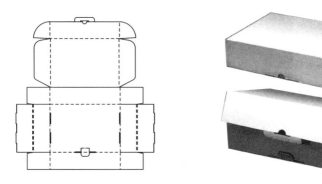

图 1-22　摇盖式纸盒结构展示图

5.书本式：此类结构的开启方式类似书本，摇盖通常没有插接咬合，而是通过附件来固定，如图 1-23 所示。

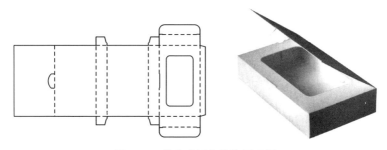

图 1-23　书本式纸盒结构展示图

6.盘式多边形纸盒，如图 1-24 所示。

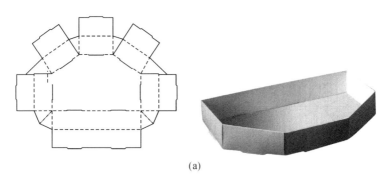

(a)

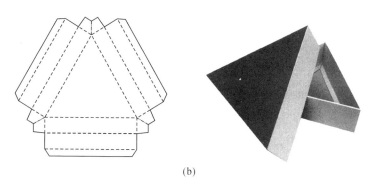

(b)

图 1-24　盘式多边形纸盒结构展示图

学习思考

观察管式纸盒结构和盘式纸盒结构,思考两种结构有什么区别,分别适合应用在哪些产品包装中。

学习任务

1.请临摹图 1-25 中盘式纸盒包装的主要结构,用卡纸制作成型。

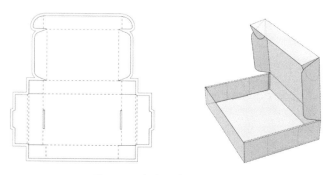

图 1-25　盘式纸盒包装展示图

2.请用软件绘制 3 张盘式纸盒结构图的电子稿，正确绘制包装图示符号。

拓展任务

请为饼干类产品做包装设计：

主题：小熊夹心饼干。

要求：1.完成相关产品的市场调研；

2.用软件绘制盘式包装结构图；

3.用软件在盘式结构图上完成该项目的基础视觉排版。

任务评价

评价如表 1-3 所示：

表 1-3　评价表

项目名称：_____

序号	评价项目	自评得分	签名	互评得分	签名
1	理解项目任务,完成项目相关信息调研及案例收集				
2	用纸材料制作盘式结构纸盒,结构正确,手工工整				
3	用软件绘制盘式结构图,制图标准规范				
4	课后完成拓展任务,结构正确,视觉效果佳				
	平均分				
	学习活动得分				

项目二　特殊形态纸盒包装设计

学习目标

1. 能了解特殊形态纸盒包装设计项目任务要求；

2. 能合理制定计划，按时完成任务；

3. 能与客户进行有效沟通，并了解客户需求；

4. 能熟练开展市场调研，以及独立完成相关信息收集；

5. 能根据产品特点展开包装结构设计；

6. 能熟练应用图形图像软件完成特殊纸盒包装设计；

7. 能对特殊技纸盒包装设计作品进行有条理的展示汇报；

8. 能建立自己的素材库，拟定包装的设计风格；

9. 能注意工作规范，如：文件尺寸、分辨率、色彩模式、文件命名以及储存规范等。

建议学时

36 学时。

工作情境描述

某纸业集团需开发系列特殊形态纸盒包装样品，其中保护型包装结构已与企业有初步合作意向，设计师需为其设计系列特殊形态纸盒结构。设计师接到任务后，对该项目进行调研并与企业方进行沟通。需设计系列特殊形态纸盒包装，可应用于鸡蛋、灯泡等保护型包装。运用图形绘制软件完成包装结构的电子稿绘制，提交设计稿给企业方，与其进行有效沟通，并根据企业方的意见进行修改。将修改后的设计最终稿打印制作出成品，完成设计任务。

🕳 学习情景

学生接收老师布置的学习任务。学习特殊形态纸盒包装理论知识，结合鸡蛋包装，完成特殊形态纸盒的临摹与制作。通过老师的理论讲解和任务实施，学生逐步独自完成市场调研、纸盒结构的临摹与制作、软件绘制电子稿等项目，最后进行作品展示与整理。

任务一　特殊形态纸盒临摹与制作

🕳 学习目标

1.能合理制定计划，按时完成任务；

2.能针对现有特殊形态纸盒包装设计产品进行收集并加以分析；

3.能独立完成特殊形态纸盒结构的临摹与制作；

4.能应用图形软件绘制特殊形态纸盒结构图；

5.能总结并归纳收获以及问题；

6.能对收集的资料进行整理归纳。

建议学时

12 学时。

学习准备

包装类专业书籍、设计相关书籍和网站、课前收集的资料、铅笔、橡皮、卡纸、美工刀、速写本、水性笔、胶水、钢尺等。

学习思考

请赏评以下包装,说说其包装是属于哪一种纸盒结构,并阐述其应用的范围,如图 2-1 所示。

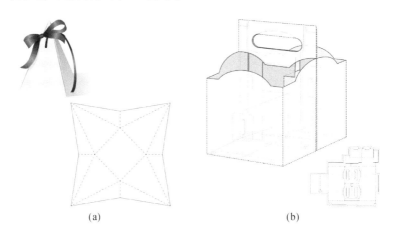

(a)   (b)

图 2-1　纸盒结构展示图

【相关知识】

一、特殊形态纸盒

在当今这个竞争日益激烈的市场，包装越来越成为各大企业品牌用来推销自己产品的重要途径。各大卖场中的商品琳琅满目各显特点，以便吸引消费者的注目。所以，企业越来越注重在包装中凸显企业与品牌的个性，为品牌树立形象，以加深消费者对品牌的认知度。

特殊形态的包装盒也是从基础常规的包装盒演变而来的，既具备完整的包装功能，又成功地从众多包装中脱颖而出。

特殊形态纸盒的功能与价值在于增强品牌差异性。在千篇一律的常规包装中，消费者大多通过商品包装上的标志、颜色、字体、图案等元素分辨识别商品，所以他们有从包装上寻求新的感官感受的潜在需求。因此，各大企业都纷纷从包装的形态入手，做出与众不同的设计，从而凸显品牌的差异性，便于占领消费市场。

二、特殊形态纸盒分类

1.拟态象形类：此类包装大多运用模拟自然界动植物的一些造型与形象为表现手法，使包装生动形象，富有趣味性，如图2-2所示。

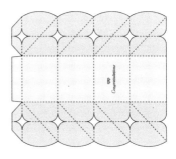

图 2-2　拟态象形类包装结构展示图

2.集合式：此类包装大多是运用一张纸成型，在包装内部形成自然的间隔，从而保护商品不受到破坏。 大多用于饮品的包装，如图 2-3 所示。

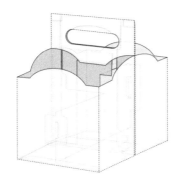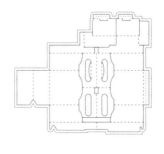

图 2-3　集合式包装结构展示图

3.手提式：此类包装的性能顾名思义，即为了方便消费者携带。 一般分为两种形式：一是提手与保护装为一体，即用一张纸制作而成；二是提手使用其他材料，如塑料、绳子等，如图 2-4 所示。

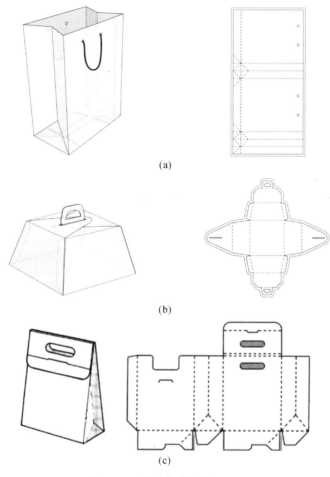

(a)

(b)

(c)

图 2-4　手提式包装结构展示图

4.开窗式：此类包装的目的是让消费者可以直接看到内部产品，但是要注意开窗的位置不要影响到包装的结构，如图 2-5 所示。

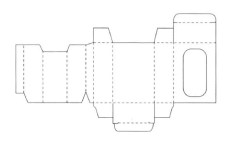

图 2-5　开窗式包装结构展示图

除此之外，特殊形态纸盒包装还会根据产品需要以及边框数进行简单的分类：

（1）不对称四边形的管式纸盒，如图 2-6 所示。

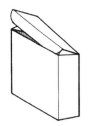
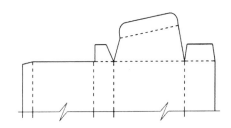

图 2-6　不对称四边形结构展示图

（2）五边形的管式纸盒，如图 2-7 所示。

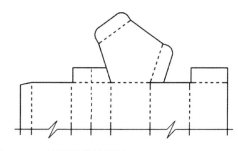

图 2-7　五边形结构展示图

（3）"口袋书"结构变化形式，如图 2-8 所示。

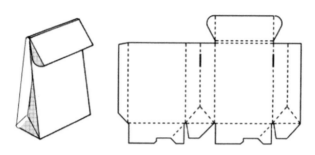

图 2-8　"口袋书"结构展示图

三、包装案例

欣赏以下包装案例，如图 2-9 所示。

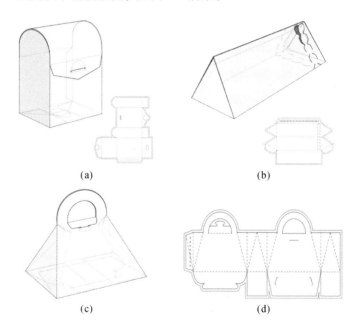

（a）　　　　　　　　　　　　（b）

（c）　　　　　　　　　　　　（d）

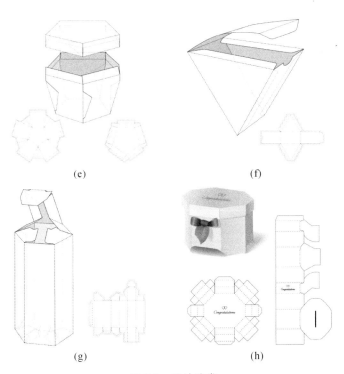

(e)　　　　　　　　　　　(f)

(g)　　　　　　　　　　　(h)

图 2-9　设计欣赏

🎓 学习思考

在进行市场调研后，我们要将收集到的信息、图片进行有效的整理与分析。请思考此类产品运用什么颜色较多，为什么大家都采用此类颜色，此类产品大多是什么造型，是否要延续使用这种造型。

【相关知识】

一、市场调研

包装设计是否能够增加销量，与产品的质量和内容、包装的类型、消费者、销售的方法、环境等是密不可分的。市场调研是为了有效提高产品的销量，解决产品在销售中存在的问题，了解市场的变化及方向，及时满足消费者的需求，通过市场调研"倾听"消费者的呼声。

1. 市场调研的内容

（1）竞品信息调查：对竞争对手进行有效调研有助于后续设计与包装的战略制定，能为凸显自身优势、占领消费市场等打下坚实的基础。

（2）消费者调查：是针对消费者的日常使用习惯和态度的调查，又称 U&A 研究。广泛用于家电、食品、饮料、日用品等行业。

（3）产品调研：调查产品的一些基本属性，包括企业的名称、历史、发展情况，产品包装的尺寸、质量，产品所属类型和类型包装的一些相关要求，市场上的包装方式，产品生产的成本以及利益范围，等等。

2. 根据市场调研，设计师可以了解市场现状，掌握产品信息，把握消费者心理，从而展开设计。

学习任务

1. 请临摹图 2-10 中特殊形态的纸盒包装结构，用卡纸制作成型。

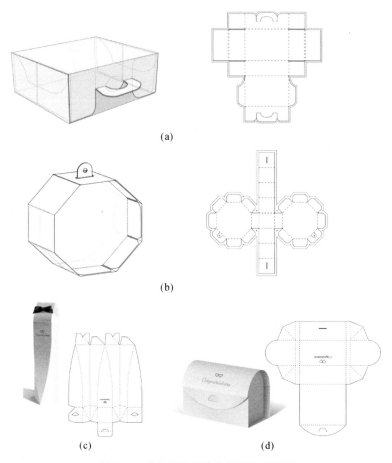

图 2-10　特殊形态纸盒包装结构展示图

2.请用软件绘制 3 张特殊形态纸盒结构图的电子稿，正确绘制包装图示符号。

任务评价

评价如表 2-1 所示：

表 2-1　评价表

项目名称：_____

序号	评价项目	自评得分	签名	互评得分	签名
1	理解项目任务,完成项目相关信息调研及案例收集				
2	用纸材料制作特殊形态纸盒,结构正确,手工制作良好				
3	用软件绘制特殊形态纸盒结构图,制图标准规范				
4	课后完成拓展任务,结构正确,视觉效果佳				
	平均分				
	学习活动得分				

任务二　保护型包装结构设计

学习目标

1. 能独立完成保护型包装结构为对象的纸盒展开图绘制；

2. 能合理制定计划,按时完成任务；

3. 能针对现有保护型包装结构设计产品进行收集并加以分析；

4. 能合理运用绘图软件完成保护型包装结构临摹和制作；

5. 能总结并归纳收获以及问题；

6. 能对收集的资料进行整理归纳；

7. 掌握客户沟通技巧。

建议学时

24 学时。

学习准备

包装类专业书籍、设计相关书籍和网站、课前收集的资料、铅笔、橡皮、卡纸、美工刀、速写本、水性笔、胶水、钢尺等。

【相关知识】

保护型包装主要是用于用户购买无包装的产品时，保护产品不被污染、损坏等。此类包装顾名思义，即为了起到保护作用。一般使用纸盒、纸张、泡沫等材料进行简单包装，如常见的鸡蛋、灯泡等物品，如图 2-11 所示。

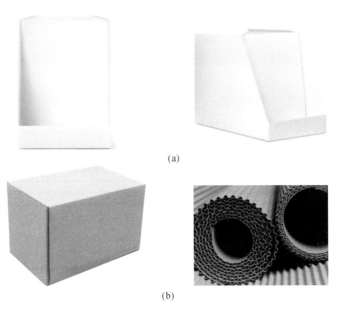

(a)

(b)

图 2-11　保护型包装展示图

一、保护性包装的作用

1.防止产品破损以及变形，保障其生产到销售的完整性，具有一定的抗震强度。

2.防止产品在运输过程中，与水分、氧气及一些有害物质发生变化，以防产品污染。

3.防止有害生物对商品的损害，即老鼠、昆虫等生物。

二、保护型包装的材料

1.气泡衬垫材料：此种材料替代了传统包装材料，现在已经被全世界广泛地应用，其主要原理就是将每一个气泡中充满空气，从而起到保护的作用。

2.填充包装：使用泡泡粒填充包装中的空隙，从而起到保护作用。

3.聚乙烯泡沫材料：此种材料多用于支撑以及固定产品，防止产品受到冲击和伤害。

三、一纸成型的包装方法

顾名思义，此种包装是用一块没有分割的整体，通过折痕组装完成。一纸成型工艺简单，无须胶钉，节约材料。此种包装被广泛地应用于保护型包装、便携式包装等。

🎓 学习思考

请思考一纸成型的包装方法通常运用在哪些产品包装中，并举例说明。

【相关知识】

在设计过程中，设计师全程都要和客户保持良好的沟通，随时了解对方的需求以及产品相关信息。

一、了解客户需求，获取用户信息

设计师应通过多种方式了解信息，可以直接接触产品，从自己的视听感觉对产品产生初步概念，也可以通过间接的方式了解相关信息，不过最重要、最高效的方式还是和客户进行良好的沟通。 在与客户沟通时，合理、有技巧的提问非常重要。

二、沟通提问的基本要点

最开始沟通的时候，要多使用肯定的语气进行提问，可以先提出自己的主要想法，再对用户提出一些问题，如果提问得当，则会收获肯定的答案。 之后便要循序渐进地展开对话，便于从聊天沟通中了解到用户的隐藏需求。 最后可以提出一些具体的问题，缩小谈话的范围内容，便于了解用户的具体需求，也便于掌握话语的主导权。

三、善于提问，把控谈话进度

要在谈话中多以提问的方式、好奇的口吻提出问题，不过切记不要自问自答，而是要在谈话中确认彼此的想法。 在谈话的过程中，要阐述清楚自己的观点，同时注重客户的反馈，使客户与自己的意见不断统一，为成交做铺垫。

学习思考

与客户沟通是最直接获取信息的调研方式，请思考做包装设计之前应向客户提问哪些相关内容。

学习任务

独立完成鸡蛋保护型包装的特殊形态纸盒结构设计。

主题：鸡蛋包装（可盛放鸡蛋个数不限）

要求：1.根据鸡蛋的形态设计特殊形态纸盒结构，保证鸡蛋的稳定盛放；

2.通过纸盒特殊结构设计确保鸡蛋无碰撞挤压，具有保护性；

3.符合低成本和环保要求，使用一纸成型的方式进行纸盒结构设计；

4.用软件在制作成型的纸盒成品图上完成视觉效果呈现。

拓展任务

独立完成灯泡保护型包装的特殊形态纸盒结构设计。

主题：灯泡包装（灯泡外形不限）

要求：1.根据灯泡的形态设计特殊形态纸盒结构，保证灯泡的稳定盛放；

2.通过纸盒特殊结构设计确保灯泡无碰撞挤压，具有保护性；

3. 符合低成本和环保要求，使用一纸成型的方式进行纸盒结构设；

4. 用软件在制作成型的纸盒成品图上完成视觉效果呈现。

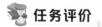

任务评价

评价如表 2-2 所示：

表 2-2 评价表

项目名称：_____

序号	评价项目	自评得分	签名	互评得分	签名
1	了解保护型包装并收集相关案例				
2	根据产品形态设计特殊纸盒结构，符合一纸成型的要求				
3	用纸材料按结构图制作包装盒				
4	用软件完成成品纸盒的视觉呈现，视觉效果佳				
	平均分				
	学习活动得分				

项目三　包装视觉设计

学习目标

1.能正确领会系列产品包装视觉设计项目任务要求；

2.能与客户进行有效沟通,并了解客户需求；

3.能系统地进行市场调研以及独立完成相关信息收集；

4.能根据客户需求与产品特点进行创意构思完成包装视觉设计草图绘制；

5.能熟练应用图形图像软件完成包装视觉电子稿绘制；

6.能够了解印刷工艺的相关知识并打印出成品纸盒；

7.能独立撰写包装设计说明并进行有条理的展示汇报；

8.能建立自己的素材库,拟定包装的设计风格；

9.能注意工作规范,如:文件尺寸、分辨率、色彩模式、文件命名以及储存规范等。

建议学时

24 学时。

工作情境描述

在某设计工作室,设计师接到为"麦舒林巧克力"设计新款包装的项目任务。设计师接到任务后,对相关的产品进行调研与了解。设计师将设计新的包装视觉代替老款包装视觉,需进行包装视觉草图绘制,运用图形绘制软件完成包装视觉电子稿及平面效果图,提交设计稿给客户,与客户进行有效沟通,并根据客户的意见进行修改。将修改后的设计最终稿打印制作出成品,完成设计任务。

🖥 学习情景

学生在接收老师布置的学习任务后,完成视觉包装设计任务。通过老师的理论讲解和任务实施,学生逐步独自完成市场调研、创意构思、草图绘制、电子稿绘制等环节,了解印刷工艺并打印出成品纸盒。最后,进行作品展示与整理。

任务 巧克力系列包装设计

🖥 学习目标

1.能合理制定计划,按时完成任务;

2.能针对现有巧克力品牌包装进行市场调研和案例收集;

3.能根据巧克力特点和客户要求进行包装视觉草图绘制;

4.能熟练运用绘图软件完成巧克力系列包装视觉设计电子稿及平面效果图;

5.能完成巧克力包装打印与成品制作;

6.能独立撰写设计说明并展示汇报提案;

7.能根据客户要求进行再次修改并完成最终稿;

8.能进行总结归纳相关资料并收获经验。

 建议学时

24 学时。

 学习准备

包装类专业书籍、设计相关书籍和网站、课前收集的资料、铅笔、橡皮、卡纸、美工刀、速写本、水性笔、胶水、钢尺等。

学习思考

观察以下包装以及设计图,它们采用了哪些设计手法?并简要分析它们有哪些共同点与优缺点,如图 3-1 所示。

(a)

(b)

(c)

(d)

(e)   (f)

图 3-1　视觉包装欣赏展示图

【相关知识】

一、包装的视觉设计

包装的初始目的只是保护商品在运输过程中不遭受破坏，但是在现代设计当中，包装除了这个基础的功能之外，还有更多其他的功能。优秀的视觉设计可以提升商品的价值，并刺激消费者的消费欲望。

1. 设计语言的整体性

包装设计中的视觉组成要素包括造型、构图、色彩、图案以及字体设计，因此，包装设计应多方面同时进行构思、互相补充，达到最佳的效果。一个优秀的包装设计要具备以下几个基本点：（1）可读性，即包装的文字要清晰易读，简要突出说明产品特点；（2）图案运用，外观使用的图案要美观大方、较为醒目并且富有一定的艺术性；（3）商标概念，要注意商标的摆放，简洁明了，使消费者看了就留下深刻的印象；（4）功能点突出及说明，在设计过程中除了商品的基本信息，商品的特点、注意事项等信息也要使用简洁明了的方式表达出来。如图 3-2 所示。

图 3-2　设计欣赏

2.设计中的文字运用

产品的包装上包括品牌品名、商品信息、规格成分、使用方法、注意事项、生产单位等信息介绍产品，这些都需要靠文字来说明，所以文字是包装设计上重要的一部分。 设计师要遵循必要的设计原则：（1）运用文字突出商品的特性，文字与图案在设计中都应该与产品紧密结合，通过平面的设计方式，结合产品特性进行变化，使其具有一定的商品属性；（2）包装文字具有一定的可读性，文字是几经转变，经过几千年的演变而约定俗成的，不能随意改变，因此在文字变化设计上，一般在笔画上进行设计，字体结构一般不做变化或变化不大，以此保持字体良好的阅读性。 如图 3-3 所示。

图 3-3　设计欣赏

文字更多作为一种装饰的手法在包装设计中具有很大的美化产品的效果，文字的处理手法多种多样，在使用中，应该结合产品的性能以及定位，这样更能引起消费者的共鸣。如果使用得当，还会使人眼前一亮。

以汉字书法为例，不少包装设计采用书法作为表现文字，还可能配有印章、山水画等具有中国风格的元素搭配其中，能够明显地突出产品的民族风格，从而别具一格。

但是文字的基本功能是在视觉上传达一定的信息给消费者，其本质的目的还是阅读。所以在设计的基础上，一定要保持良好的阅读性以及给人清楚的印象，不要让消费者"猜哑谜"；在追求设计上"吸睛"的同时，不要忘记字体设计的根本是更好地给消费者传达商品信息，因此要避免文字杂乱，切忌为了设计而设计，如图 3-4 所示。

图 3-4　设计欣赏

3.设计中的文字排版

（1）在包装设计中，设计师需要考虑产品主题文字放在整体包装中的位置，大小、相对比例以及色彩和字体的选择。主题文字和其他辅助文字之间的关系也要考虑到，多种文字可以使用字体、大小、颜色、透明度等元素进行层级区分。 字体设计中有一点应该谨记，即在一个画面中，尽量保持画面的整洁性，字体的选择最好不要超过 3 种，以防画面混乱的情况发生。

（2）文字排版对齐方式：①左对齐，即每行文字元素都以左边字首为对齐基准对齐；②居中对齐，即每个元素以中心为基准，居中对齐；③右对齐，即每行文字元素都以右边字末为对齐基准对齐；④两端对齐，即文字开头和结尾都对齐；⑤不规则对齐，根据设计要求，文字排列富有自己的对齐方式以及规律，不过此种对齐方式不适合编排大量的多种文字内容。 如图 3-5 所示。

图 3-5　设计欣赏

4.设计中的色彩应用

色彩是包装设计中最具冲击力的艺术语言，相较于造形、构图及其他语言更具有抽象性的特征，更能发挥出其独特的魅力。

同样色彩也是美化商品、突出企业和产品形象的重要元素。一名合格的包装设计师，不但要系统地掌握色彩的基本理论，还要掌握商品的色彩特性，了解不同地方文化背景的差异，熟悉人们对色彩的习惯和偏爱，以满足瞬息万变的消费市场的需求。

色彩在产品中的特性：

（1）色彩的注目性。 包装的功能很多，其中最重要的就是突出产品信息，让消费者有一个记忆点。

（2）色彩的从属性。 包装设计艺术和其他文学艺术形式一样，根本法则是内容决定形式，形式为内容服务，只有用色和包装统一，才会使商品信息正确且迅速地传递，让消费者即使不依靠图像文字，只看到色彩，也能知道是哪一类产品。

（3）色彩的科学性。 随着科学的发展进步，现在关于色彩的研究已包括色彩物理、色彩心理等多个领域，而在设计领域，正在把色彩的科学性、功能性、实用性与设计的目的性有机性结合起来，只有真正了解消费者，"投其所好"，设计才会具有生命力。

（4）色彩的个性。 "个性"就是特别，就是别开生面、与众不同，"个性"的开发就是创新精神的表现，包装设计属于创作，是科学与艺术独特的结合，人本身具有好奇心理，而"个性"能满足潜在的心理欲望。

5.图形在产品中的运用

图形设计在包装设计中尤为重要。 为塑造产品形象、丰富"包装语言"，图形的各种元素如图片、插画、图标、符号等都可以通过不同的风格来体现，使消费者有更强的代入感，获得相应的情感体验，如图3-6所示。

图3-6　设计欣赏

表现方式：（1）直接表达。 最常用的方式就是直接使用摄影图，或者使用十分具象的的图形，使消费者直观地看到与产品相关的信息。 （2）间接表达。 这种手法一般是在包装上不表达产品本身，而是通过表达相关事物，使用户产生联想，从而达到包装的目的，这种表达手法好处就是在设计时不会十分生硬。 如图 3-7 所示。

图 3-7 设计欣赏

6.印刷工艺与流程

出片、打样→拼版、晒版→上机印刷→后期加工→检验出厂。

（1）在礼盒的打样制版中，为了使颜色多种多样，不仅有CMYK——C 表示青色（Cyan）， M 表示洋红色（Magenta）， Y 表示黄色（Yellow）， K 表示黑色（Black）——4 种基本颜色，还有金色、银色这些专色。

许多包装为了追求主要颜色的墨色饱和度和艳丽效果，就通过设置专门的颜色印版来达到目的。 对专版的印色，就要输出专门的分色卡。 输出的胶片通常是反映不出色彩的，应附上准确的色标，以便作为打样和印刷过程中的依据。

（2）纸品包装的印刷工艺有很多种，常见的有：①烫金工艺，即将需要烫金的部分制成凸版加热，然后在上面放所需要颜色的铝箔纸，加压后铝箔纸会附在所需烫金的部位。 烫金材料也分很多种，包括金、银、镭射金、镭射银、黑、红、绿等多种颜色。 ②覆膜工艺，即在印刷之后的一种表面加工工艺。 就是使用覆膜机在商品表面覆盖一层透明塑料薄膜的产品加工。 这种方法处理过后的产品表面会具有光亮、耐水、耐磨等特点。 ③凹凸和压印，即指把印刷好的半成品的部分图或文字压成凹凸、有立体感的效果。 此种工艺多用于包装纸盒、标签以及书籍。④UV仿金属蚀刻印刷工艺（也叫磨砂或者砂面印刷），即在金属面光泽的物品上印一层凹凸不平的油墨，然后通过紫外光（UV）固化，使其产生类似经过蚀刻的效果。 此外，还有折光、冰花、水热转印等多种多样的印刷工艺。

二、包装案例

欣赏以下包装案例，如图 3-8 所示。

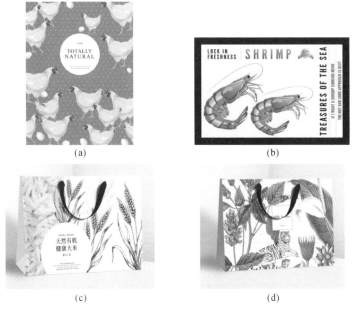

(a)

(b)

(c)

(d)

图 3-8　设计欣赏

学习任务

请为"麦舒林巧克力"设计新包装。

主题：麦舒林巧克力（多种口味综合款：果仁巧克力、红酒夹心巧克力）。

要求：1.针对青年消费群体，结合潮流设计风格，进行包装视觉设计；

2.根据产品口味，设计3款不同口味的包装，风格统一成系列；

3.结构正确，编排合理，有创意，视觉效果佳；

4.打印制作成品纸盒，进行展示汇报。

任务评价

评价如表3-1所示：

表3-1 评价表

项目名称：＿＿＿＿＿＿＿＿＿＿＿＿＿＿＿

序号	评价项目	自评得分	签名	互评得分	签名
1	合理制定计划,完成调研与案例收集				
2	独立思考,完成创意构思并绘制草图				
4	熟练运用软件绘制完整平面效果图				
5	打印与制作成品纸盒,制作精美				
6	符合产品特征,主题鲜明,视觉美观、新颖、风格统一成系列化				

序号	评价项目	自评得分	签名	互评得分	签名
7	能独立进行展示汇报,撰写设计说明				
	平均分				
	学习活动得分				

项目四　系列产品礼盒包装设计

 学习目标

1. 能正确领会系列产品礼盒包装项目的任务要求；

2. 能了解系列产品礼盒包装设计的相关知识；

3. 能针对系列产品礼盒包装进行市场调研和案例收集；

4. 能与客户进行有效的沟通，并了解客户需求；

5. 能根据客户需求与产品特点进行创意构思并完成包装视觉设计草图绘制；

6. 能熟练运用图形图像软件完成电子稿绘制；

7. 能完成系列产品礼盒的打印与成品制作；

8. 能撰写包装设计说明并进行有条理的展示汇报；

9. 能建立自己的素材库，拟定包装的设计风格；

10. 能注意工作规范，如：文件尺寸、分辨率、色彩模式、文件命名以及储存规范等。

 建议学时

36 学时。

 工作情境描述

在某设计工作室，设计师接到"知甜坊（多种口味综合款：椰蓉蛋黄口味、流心奶黄口味、椒盐百果口味)"月饼礼盒包装的设计任务。设计师需进行市场调研,完成包装结构与包装视觉的创意构思。绘制草图,运用图形绘制软件完成电子稿及平面效果图,提交设计稿给客户,与客户进行有效沟通,并根据客户的意见进行修改。将修改后的设计最终稿打印制作出成品,完成设计任务。

🏺 学习情景

学生以小组工作形式接收老师布置的学习任务,完成系列产品礼盒包装设计任务。通过老师的理论讲解和任务实施,学生逐步独自完成市场调研、包装结构与包装视觉的创意构思,绘制草图,绘制电子稿,打印出成品礼盒,完成设计稿,最后进行作品展示与整理。合理分工,小组合作。

任务　月饼礼盒包装设计

🏺 学习目标

1.能独立展开月饼礼盒包装设计,合理制定计划,按时完成任务;

2.能针对现有月饼礼盒类型产品进行市场调研和案例收集;

3.能合理运用理运用绘图软件完成月饼礼盒包装平面设计效果图、立体效果图;

4.能完成月饼礼盒包装打印与成品制作;

5.能独立撰写设计说明并展示汇报提案;

6.能根据客户要求进行再次修改并完成最终稿；

7.能进行总结归纳相关资料并收获经验。

建议学时

36 学时。

学习准备

包装类专业书籍、设计相关书籍和网站、课前收集的资料、铅笔、橡皮、卡纸、美工刀、水性笔、胶水、钢尺等。

学习思考

观察以下包装，分别是什么类型的包装？并简要分析它们的优缺点，如图 4-1 所示。

(a)

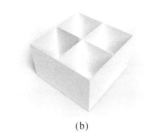

(b)

(c)

(d)

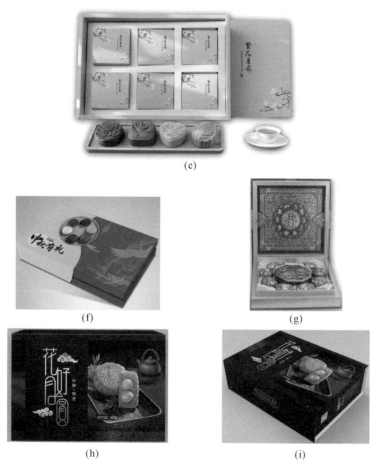

图 4-1　设计欣赏

【相关知识】

一、礼盒包装设计

礼盒包装设计是商品包装的一类，其主要功能就是保护商品、传递商品信息以及刺激消费。

设计月饼礼盒首先要了解企业该产品所面向的消费对象，确定客户群体是年轻人、中年人或者老年人等，如此才能针对性地展开调研并针对不同人群的消费特点进行不同的礼盒包装设计。

月饼礼盒这类产品具有独特的属性与含义。销售此类产品时，不单单是销售产品本身。以月饼为例，月饼卖的是一种情怀与文化，人们重视的是月饼本身含有的意义，从而表达出一种沟通情感以及传递祝福的寓意。因此，月饼礼盒包装应该富有文化元素，注重内涵的表达。

在设计月饼礼盒时，首先应该强调"吸睛"的效果，即吸引消费者的眼球，通过直接、明显的刺激来吸引消费者，从而促使购买行为发生。因此，包装要多有新颖别致的造型、鲜艳夺目的配色、精美细致的装饰等元素来制造醒目亮眼的效果，吸引消费者的注意力。

换句话说，包装的造型、色彩、图案在设计时要引起消费者的喜爱与注目。虽然每个人的审美与喜爱各不相同，但是也有一些相通点，比如：女性大多喜欢白色、粉色、红色等颜色，此类颜色被人们称为女性色，包装多使用这些颜色能够引起女性消费者的兴趣，男性则喜欢黑色、蓝色等较庄严的颜色，所以大多男性用品包装多用此类颜色，如图 4-2 所示。

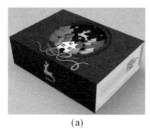
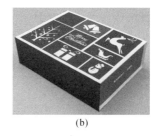

(a)　　　　　　　　　　(b)

图 4-2　设计欣赏

1.产品包装上需要含有的信息

众所周知，产品包装上不仅需要有吸引人的图形图案，还必须有一些产品的基本属性信息，以供消费者查看，主要分为下面几类：

（1）在醒目的位置清晰地标示出产品的真实属性及专用名称；

（2）净含量，其组成部分为"净含量："＋数字＋法定的计量单位，并且净含量与产品名称应在同一版面标示，如"净含量：200 g"；

（3）生产者依法登记注册的名称；

（4）具有产品质量检验合格的证明；

（5）根据产品特点以及使用要求，要标明产品规格、等级、主要成分的名称以及含量，事先要让消费者知道的信息应该在外包装上标注或提前向消费者提供相关资料；

（6）如存在使用不当易造成产品本身破坏或者可能危及人身、财产安全的产品，应有警示标志或有中文说明；

（7）条形码，如需线下销售，须使用标准尺寸条形码，即37.29 mm×26.26 mm，放大倍率应是0.8—2.0。当印刷面积足够时，应使用1.0倍率以上的条形码，否则条形过小可能导致精度不够，造成条形码识别困难，如图4-3所示。

2.关于设计图

在绘制包装展开图时，请确保每个面都是闭合的直线或者曲线，否则颜色不能进行填充。

编排设计是按照视觉所要表达内容的需求与审美规律而运用视觉要素对标志、文字、字体、图形图案、色彩等元素进行排列组合的设计方法。通过设计师的编排设计，产品的包装可以精准

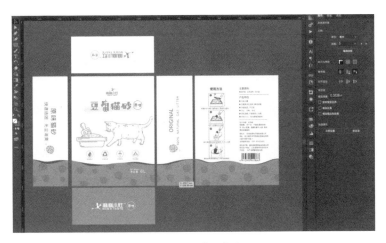

图 4-3　设计图参考

有效地传达商品的信息，从而刺激消费者的购物欲望。

　　在进行包装图案的编排设计过程中，要考虑图案、文字与色彩各个元素之间的关系，以及包装的各个面之间的关系，如图 4-4 所示。

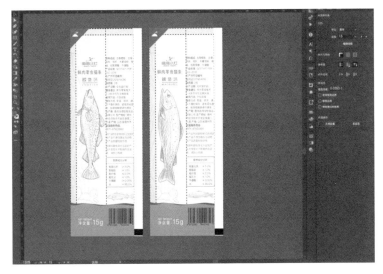

图 4-4　设计图参考

🏺 学习思考

举例说说日常生活中出现的系列化包装产品有哪些,分析它们的共性,思考系列化包装适用于哪些产品。

二、系列化包装设计

系列化包装设计是一种较为普遍流行的形式。 此类设计是针对企业的特点或商标、名牌的不同种类的产品用一种共性特征来统一的设计。 可以使用特殊包装的造型特点、整体色调、标志性图案、同类型的文字排版方式等,形成一种统一的视觉形象来展示给消费者,如图 4-5 所示。

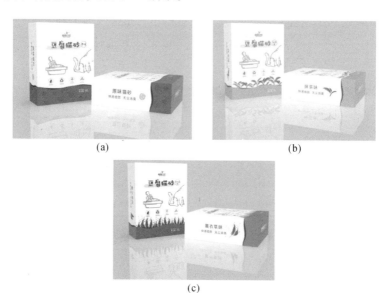

(a)   (b)

(c)

图 4-5　设计欣赏

1.系列化包装设计的好处

（1）既富有多样的变化美，又使同一系列产品拥有统一性。

（2）上架后视觉效果强烈，加深消费者的记忆点与品牌辨识度。

（3）能够缩短设计周期，便于同系列新产品继续衍生设计。

（4）可以扩大影响，树立自身品牌形象。

2.系列化包装的特点

（1）产品风格统一。 系列化设计包括产品形态、大小、基本构图、主要表现形象与方式、色彩色调、商标、产品名称、技法8种元素。 一般情况下，商标、产品名称、技法这3种是不能改变的，其余5种当中，在至少有一种不变的基础上进行设计，可以产生系列化的效果，这样不仅增强了产品之中的关联性，还大大缩短了产品的设计时间。

（2）系列化产品有利于销售。 每个系列由多个产品组成，使消费者在购物时潜意识里就会去买一个系列的产品，无形当中增加了产品的销售量。

（3）符合美学当中"多样统一"的审美原则。 系列化包装的最大特点就是每个产品都有自己的特点与变化，但是整体又有统一的特点与规律。 这种设计方法使产品看上去富有规律以及统一的美感，如图4-6所示。

图4-6 设计欣赏

3.系列化包装的必然性

随着社会的进步，人们对美好生活的追求意愿日益强烈。随着生产技术水平的不断提高，企业生产的产品必将走向多样性、新颖性，个性化和创新性会更加凸显，与人的活动、审美、使用等方面的融合会更为紧密，这就必然会促进包装设计走向系列化。

包装设计人员只有掌握企业的文化与内涵，在设计中体现企业特色、产品特色，并对消费者心理做出科学的分析，与人性因素相结合，开发运用与企业产品和人的需求相适合的系列包装设计技术，才会使包装设计更适应企业、市场和人类的发展进步的需要，从而实现自身和行业的持续发展，如图 4-7 所示。

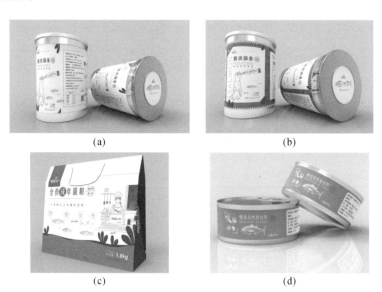

(a)

(b)

(c)

(d)

图 4-7　设计欣赏

学习任务

为"知甜坊"设计月饼礼盒包装。

主题："知甜坊（多种口味综合款：椰蓉蛋黄口味、流心奶黄口味、椒盐百果口味）"月饼。

要求：1.整套礼盒分为 3 个规格，即小包装、外盒包装及外手提袋；

2.设计 6 款包装视觉，分别应用在 4 个小包装、1 个外盒和 1 个手提袋上，要形成系列化；

3.根据规格进行包装结构设计，结构有创新，增加用户体验，利于呈现最佳视觉效果；

4.有鲜明主题，符合产品特征，体现企业文化和传统节日传承；

5.用绘图软件完成月饼礼盒包装平面设计效果图，并打印制作成品进行展示。

 任务评价

评价如表 4-1 所示：

表 4-1　评价表

项目名称：＿＿＿＿＿＿＿＿＿＿＿＿＿＿＿＿＿

序号	评价项目	自评得分	签名	互评得分	签名
1	合理制定计划,完成调研与案例收集				
2	独立思考,完成创意构思并绘制草图				

序号	评价项目	自评得分	签名	互评得分	签名
3	包装结构有创意				
4	熟练运用软件绘制完整平面效果图				
5	打印与制作成品纸盒,制作精美				
6	符合产品特征,主题鲜明,视觉美观、新颖,风格统一成系列化				
7	能与客户有效沟通,能独立进行提案				
8	既有团队合作精神又有自主学习能力				
	平均分				
	学习活动得分				

【作品赏析】如图 4-8 所示。

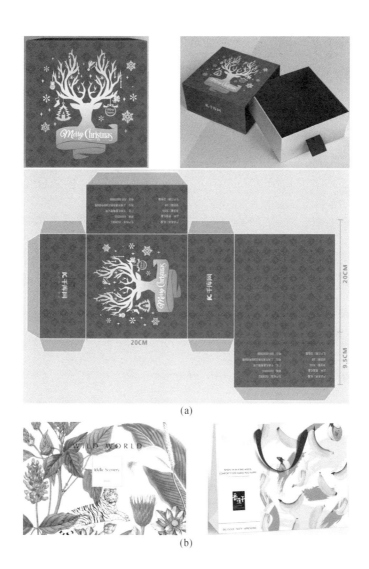

(a)

(b)

(c)

(d)

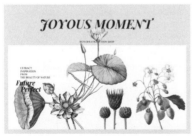

(e)

(f)

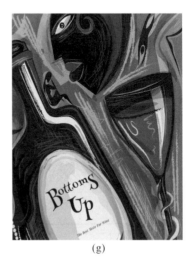

(g)

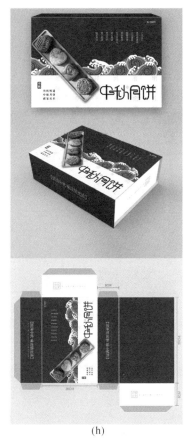

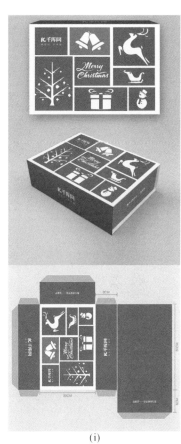

(h)　　　　　　　　　　(i)

(j)　　　　　　　　　　　　　　　(k)

图 4-8　设计欣赏

主要参考文献

［1］ 市场发展驱动二次包装开启新趋势［J］.中国包装，2021，
    41(8):38-39.

［2］ 高哲,李鄂.技工院校包装设计一体化教学的实施应用
    ［J］.职业，2020(30):81-82.

［3］ 刘宇.包装设计课程一体教学方法研究［J］.赤子(上中
    旬)，2015(5):210.

［4］ 刘锦芳,赵金玲.包装产业组织结构的演变趋势和调整策略
    ［J］.绿色包装，2020(6):41-44.